LE ROI DES MARMOTTES

VIGNETTES

PAR

LORENTZ FRŒLICH

TEXTE

PAR P. J. STAHL

GRAVURES PAR MATTHIS

BIBLIOTHÈQUE

DU MAGASIN D'ÉDUCATION ET DE RÉCRÉATION

J. HETZEL, 18, RUE JACOB

PARIS

LE ROI

DES MARMOTTES

LE ROI DES MARMOTTES

VIGNETTES

PAR

LORENTZ FRŒLICH

TEXTE

PAR P. J. STAHL

GRAVURES PAR MATTHIS

BIBLIOTHÈQUE
DU MAGASIN D'ÉDUCATION ET DE RÉCRÉATION

J. HETZEL, 18, RUE JACOB

PARIS

REPRODUCTION INTERDITE

STRASBOURG, TYPOGRAPHIE DE G. SILDERMANN.

THOMAS L'ENDORMI

I

Ce n'est pas sans raison que le petit Thomas l'Endormi a
été surnommé «le Roi des marmottes!» Quoiqu'il ait déjà

cinq ans passés, il ne peut jamais se décider à se lever. Il fait déjà grand jour qu'il est encore plongé dans son oreiller. Il faut, pour en finir, que sa pauvre bonne Jeanne l'enlève dans ses bras comme un bébé de six mois. N'est-ce pas honteux? Certainement que dormir, après une journée bien employée, est une bonne chose ; mais dormir sans cesse, dormir sans trève, c'est absurde et révoltant.

LA TOILETTE DU ROI DES MARMOTTES

II

Après qu'on l'a tiré de son lit, il faut encore que Jeanne lui
mette ses bas, et ce n'est pas une petite affaire, car Mon-

sieur Thomas ne s'aide pas du tout : c'est une masse inerte,
c'est un paquet, c'est un sac. Autant vaudrait chausser des
pieds de beurre ou de caoutchouc. On dirait que c'est du
son qu'il a dans les veines et non du sang, ce petit garçon
là ! Et quand on pense que ce sera de même pour chacune
des parties de son vêtement, qu'il faudra tout lui mettre, et
l'aider comme s'il s'agissait d'une masse inerte, n'est-ce pas
désolant ? Pour moi, je ne voudrais pas pour un empire être
chargé de passer veste et culotte à un pareil indolent.

LE DÉJEUNER

III

On a apporté à Monsieur Thomas son déjeuner. Vous
croyez que l'odeur de son bon café va le réveiller; pas du

tout.. Il est de ceux dont on peut dire qu'ils ont trouvé le secret de dormir dans toutes les situations. Sa maman, qui a peur qu'il ne se rende malade en ne mangeant pas, l'a pris sur ses genoux et s'est mise à lui donner la becquée comme à un oiseau. Mais un oiseau, cela ouvre le bec, cela fait cuic, cuic, cela dit «merci maman.» Thomas, lui, trouve que c'est déjà bien assez fatigant d'être obligé d'ouvrir la bouche et d'avaler soi-même. Il mange les yeux fermés et tâche de dormir encore en mangeant. Je crois en vérité qu'il y parviendra. Ah! que ce serait bien fait de le laisser jeûner, ce Monsieur Thomas là! Je chargerais joliment la faim de l'éveiller, moi..., mais les mamans sont toujours trop bonnes : c'est là leur malheur, et, après, celui de Messieurs leurs enfants.

LA SALLE D'ÉTUDES DE L'ENDORMI

IV

Monsieur Thomas est maintenant dans la salle d'études. Il
aura fallu sans doute l'y porter. Regardez donc comme il a

l'air appliqué. Quelle tenue! quelle attitude! S'il apprend quelque chose, celui-là, ce sera bien malgré lui. Sa petite sœur, qui est presque aussi bonne pour lui que sa maman, lui lit ses petites leçons, à ce Monsieur; elle les lui répète tant et tant qu'elle espère qu'il finira par lui en entrer quelque chose dans la tête. Ah bien, oui!! Le Roi des marmottes, à moins qu'il ne change terriblement, ne peut, en grandissant, que devenir le Roi des ânes.

L'ANE SAIT LE CHEMIN

V

On a envoyé Monsieur Thomas voir sa grand'mère à la
ferme. C'est une promenade charmante, qui délasserait un

autre des plus sérieuses études. Monsieur Thomas n'aime
pas du tout cette manière de se délasser. Quoi! il fau-
drait donc tout faire soi-même, même se promener? Quel
fardeau que la vie! Aussi Monsieur Thomas n'a-t-il rien
de plus pressé que de charger l'âne du jardinier de porter ce fardeau et de trotter pour lui; mais ce serait trop
de peine encore pour ce bon-à-rien que de conduire sa
monture : ma foi! l'âne ira comme il voudra, il sait le
chemin. Pendant ce temps du moins, Monsieur Thomas
pourra faire un petit somme sur son dos.

MONSIEUR L'ENDORMI VA SE RÉVEILLER.

VI

L'âne, se voyant libre, s'est dirigé tout droit vers un carré de petits pois et s'est mis à les brouter. Le jardinier, qui a vu de loin toute l'affaire, n'a pas été content, et il a envoyé son chien pour chasser l'âne. En entendant le gardien des pois aboyer contre lui, l'âne, qui avait peur d'avoir les mollets mordus, est parti à toutes jambes, ruant et cabriolant, et c'est en l'air que Monsieur l'Endormi va peut-être se réveiller de son somme. Je dis peut-être, car avec un engourdi pareil on ne peut répondre de rien.

LES PARESSEUX N'ONT PAS DE HONTE

VII

Vous croyez que pour cette fois son envie de dormir lui
a passé, à Monsieur Thomas. L'endormi a eu trop de bon-

heur, il est tombé sur l'herbe comme une motte de terre, il y est resté et il y serait peut-être encore, sans le petit Jeannot, le neveu du jardinier, qui est venu à passer par là et qui lui a demandé *«si c'était qu'il avait du mal.»* — «J'ai pas de mal, a répondu nonchalamment Monsieur Thomas, mais ça m'ennuie décidément trop de marcher. Veux-tu, pour deux sous, me reconduire sur ton dos à la maison? — «Pour deux sous, ça me va,» a répondu Jeannot. — Et ce gros Thomas n'a pas eu honte de se camper sur le dos de ce petit bonhomme qui a à peine un an de plus que lui. Les paresseux, cela n'a honte de rien.

JEANNOT EN A ASSEZ

VIII

Jeannot a fini par trouver que, pour deux sous, ce n'était
pas payé. C'est très-lourd, un paresseux. «J'en ai assez,

dit-il, en déposant Monsieur Thomas au milieu du chemin. J'aime mieux vous rendre vos deux sous. Arrangez-vous comme vous voudrez. Ah ben! Ah ben! quel plomb!» Et l'*endormi*, sans s'émouvoir autrement, est demeuré à l'endroit même où Jeannot s'est débarrassé de lui. Je crois qu'on le laisserait tomber dans l'eau, qu'il ne s'en émouvrait pas davantage.

ELLE EST TROP BONNE

IX

C'est là qu'au bout d'une demi-heure il est découvert par
sa sœur Henriette, qui a encore la bonté de s'inquiéter de

lui. Elle lui offre de s'appuyer sur son bras pour revenir
à la maison, mais ce secours n'est pas encore suffisant
pour la paresse du Roi des Marmottes. Il dit à sa sœur
qu'il faut qu'on vienne le chercher avec la petite voiture.
«Tu sais bien, répond sa sœur, que papa ne voudra pas.»
— Tant pis alors, je reste ici, laisse-moi tranquille.» Voilà
comme il est aimable, Monsieur Thomas. Cela le fatigue-
rait trop de l'être, même avec sa bonne petite sœur. Soyez
donc prévenante avec des gaillards de ce calibre là...

UN ACCIDENT

X

Henriette, mal reçue, s'en est allée bien chagrine. Monsieur
Thomas est libre de ronfler tout à son aise, sans que per-

sonne le dérange. Cependant voilà quelque chose d'assez désagréable qui vient de lui arriver sur le nez. C'est un gros oiseau qui, en passant au-dessus de lui, lui a envoyé ce cadeau. Il n'y a pas mis de malice, mais c'est égal, ça ne pouvait pas être mieux adressé. Un âne, une brute quelconque s'en serait tenue pour offensée; Thomas l'endormi n'a pas sourcillé. Monsieur de Turenne dormait sur l'affût d'un canon la veille d'une bataille. — Le roi des marmottes serait de force à dormir dans le canon lui-même et pendant la bataille.

LA PLUIE ET LE BEAU TEMPS ·

XI

Autre chose maintenant. La pluie est venue : une grosse
averse tombe sur Monsieur Thomas. L'endormi ne trouve

pas cela fort drôle, mais il aime encore mieux être trempé
que de s'en aller. «Je ne serai toujours mouillé que d'un
côté, se dit-il, et d'ailleurs, c'est une pluie d'orage, c'est
chaud et ça ne durera pas.» Et en effet, au bout de quel-
ques minutes le soleil reparaît, et Monsieur Thomas, qui
s'était recroquevillé, peut de nouveau s'étaler sur le dos
et se sécher dans la position horizontale, qu'il préfère à
toute autre.

UNE VISITE

XII

Un grand chien est venu ensuite aboyer contre lui. Pour
cette fois cependant le Roi des Marmottes a eu envie de se

sauver, car il ne connaît pas ce chien là, et se serait bien passé de sa visite. Il s'est soulevé à moitié sur le coude, mais à ce moment une hirondelle ayant passé en rasant la terre, le grand chien s'est mis à courir après elle. Monsieur Thomas, délivré de sa présence, s'applaudit intérieurement de ne pas s'être trop pressé de se déranger. Comme c'est heureux que les chiens n'aient pas deux idées de suite dans la tête.

TROP DE VOISINS

XIII

Monsieur Thomas se tient tellement immobile que les
bêtes qui passent ne croient pas que ce soit un être vivant

et le prennent pour une chose. Une couleuvre et une grenouille, entre autres, ne se sont pas gênées pour monter
jusque sur lui. Monsieur Thomas trouve qu'il a trop de
voisins, mais il ne quittera pas la place pour si peu. Il se
borne à écarter la couleuvre et la grenouille avec un petit morceau de bois mort. Mais bientôt les mouches et
les cousins se mettent de la partie. L'endormi se donne
d'abord la peine de les chasser avec son bonnet; puis, les
voyant revenir toujours à la charge, il prend la résolution
de ne plus s'en occuper. C'est décidé, quoi qu'il arrive, il
ne fera plus un mouvement.

C'EST GÊNANT

XIV

Je ne sais pas si c'est très-commode pour Monsieur
Thomas, mais cela paraît convenir aux habitants de la

prairie. Monsieur Thomas ne tarde pas à devenir le ren-
dez-vous de toutes les bêtes du voisinage. Il passe bientôt
à l'état de ménagerie, non pas ambulante cependant. La
couleuvre, la grenouille sont revenues et ont amené de
la compagnie. Un mulot s'est mis à grignoter le bout
des bottines de Monsieur Thomas. Un lézard joue entre
ses jambes. Les mouches bourdonnent autour de son vi-
sage et de ses mains; et c'est sans doute cela qui a
donné à une araignée l'idée de tendre sa toile contre le
chapeau de Monsieur Thomas. En un instant elle l'a re-
couvert comme d'un voile. Monsieur Thomas fait bien un
peu la grimace, c'est gênant, il aimerait mieux être dans
son lit; mais plutôt que de bouger, il se résigne à en-
durer toutes ces petites familiarités.

THOMAS A DES JAMBES

XV

En croirons-nous nos yeux? Voilà Monsieur Thomas de-
bout et qui court de lui-même et sans aide. Il a des jambes,

Monsieur l'endormi, et même de très-bonnes jambes. Son jarret est solide. Quel train il va! S'il allait toujours aussi vite, il perdrait bientôt son nom de Roi des marmottes. Que peut-il lui être arrivé, à cet infortuné l'engourdi? Quel motif assez puissant a pu vaincre sa paresse et changer ainsi son allure?

LA FAIM CHASSE LE LOUP DU BOIS

XVI

Le môtif de Monsieur Thomas, c'était la faim; la faim qui
chasse le loup du bois et qui ramène les plus paresseux

à la maison. Tout le monde a dîné, la soupe est froide, on n'attendait plus Monsieur Thomas. C'est égal, Monsieur Thomas, cette fois, n'a pas boudé contre son ventre. Le pain sec, l'eau claire, tout lui est bon. «Vois-tu comme il se remue bien maintenant? dit Henriette à son papa qui la tient sur ses genoux. — Oui, dit le papa, il n'y a rien de tel que la faim pour dégourdir les fainéants. — Si on lui donnait un peu de confiture sur son pain à présent, reprend la bonne petite. — Non, répond le papa. Celui qui ne veut pas travailler ne devrait pas manger. Le pain sec est encore trop bon pour lui. Tant que Thomas ne sera pas corrigé, je le laisserai à ce régime.»

Je suis tranquille, Monsieur Thomas a trop bon estomac pour rester longtemps paresseux. La faim a du bon, elle réduit les plus rebelles. Si son papa tient parole, avant quinze jours il fera comme tout le monde, il travaillera pour gagner son dîner.